"十三五"普通高等教育本科部委级规划教材

服装设计图速写表现技法

胡晓东　著

中国纺织出版社

内 容 提 要

本书从人体结构比例造型、人体模台的结构、服装廓型结构三方面入手，着重分析、展示了服装设计图的快速表现技巧，并强调服装设计图表现的关键问题在于设计师头脑中要理解并建立起这三者之间有机、圆融的关系。本书包括七个部分的内容：不同的目的与不同的表现方法，人体的比例与形态，服装的廓型比例与服装结构、服装与人体的关系、以服装结构设计为中心、服装速写表现技巧、服装画快速着色表现技法。这些内容有助于读者理解并实际应用到服装设计图的快速表现技巧当中。

本书适合服装专业院校师生、服装设计师以及相关从业人员参考学习。

图书在版编目（CIP）数据

服装设计图速写表现技法 / 胡晓东著. --北京：
中国纺织出版社，2019.1
"十三五"普通高等教育本科部委级规划教材
ISBN 978-7-5180-5172-4

Ⅰ．①服…　Ⅱ．①胡…　Ⅲ．①服装设计—速写技法—高等学校—教材　Ⅳ．①TS941.28

中国版本图书馆CIP数据核字（2018）第136559号

责任编辑：孙成成　　责任校对：寇晨晨　　责任印制：王艳丽

中国纺织出版社出版发行
地址：北京市朝阳区百子湾东里A407号楼　邮政编码：100124
销售电话：010－67004422　传真：010－87155801
http://www.c-textilep.com
E-mail：faxing@c-textilep.com
中国纺织出版社天猫旗舰店
官方微博http://weibo.com/2119887771
北京玺诚印务有限公司印刷　各地新华书店经销
2019年1月第1版第1次印刷
开本：889×1194　1/16　印张：8
字数：200千字　定价：59.80元

前言

一般我们是把速写作为造型艺术基础能力训练的手段来看待的，从目的论的角度来看，速写是为了获得基本的造型能力，因此，准确和快速是速写的基本要求。服装速写训练是提高专业基础能力的重要手段之一，它主要针对两个目的：一是服装设计图的准确和快速表现；二是时装插画造型能力的基础。

本书重点针对第一部分内容，其中服装设计图速写的练习可以促使绘画基础训练尽快向专业设计的表现技法转换，树立专业学习的信心，同时还能促使我们从专业角度关注人体结构比例动态、服装廓型结构、设计表现技巧等问题。服装设计图和服装款式图的快速表现是服装设计的一个重要环节，是时装设计师将脑海中的构思通过画笔在纸片上模拟—再现—成型的过程，也是设计语言充分表达的过程。人们总是希望找到一种明确、快捷、专业的方法来解决这个问题。

我们为此提供了非常实用的方法，重点强调以人体结构形态和人台模特为基准，这是画好服装设计图与款式图的根本。究其原因，在绘制设计图、款式图的过程中，其重点是完成服装设计的创意和构思，表现服装的廓型结构与设计细节等。人是服装的载体，就像服装结构设计，无论你用什么不同的裁剪方法，都必须遵循人体形态结构规律。那么服装设计图速写也是一样，你可以有各种各样的风格、不同的表现手法，但人体形态始终是服装造型的依据，这一点是不会变的。道理明晰，但是要做好却要花许多的工夫，也需要良好的心态。勤能补拙，天道酬勤！由量到质的积累才可能达到设计思想的充分记录和自由表达。

书中还提供了一些设计图的人体动态以供参考，可做设计图拷贝的模型，同时简洁、明确地讲解了画好设计图人体动态的诀窍，也包括设计图和款式图的快速表现方法。能使读者对服装设计图的表现理解更透彻，并深入解读设计图表现与服装设计的关系。这些教学中积累的经验，希望能给大家带来一点帮助，也希望读者能提出宝贵的意见。

胡晓东
2018年6月

目 录

CONTENTS

第一章 不同的目的，不同的
Chapter One 表现方法

1 以服装设计为目的的速写

　　熟练掌握2~3个基本人体动态和标准人台的比例和形态，理解服装造型与结构，这样就能快速画出服装设计图和款式图。

　　服装设计图和款式图是明确传达设计意图，以图稿为依据来制板和制作服装的服装画类型。因此，要画得准确、详细，让打板师一看就明白，这一点非常重要。这里所说的服装设计图是包含人体动态的着装效果图，画人体时一定要选择适合表现不同类型服装的动态（图1-1~图1-3）。同时，还要配上服装的背面图甚至侧面图和设计细节图。必要时，设计图还可辅助以文字说明。

图1-1　女款服装设计图

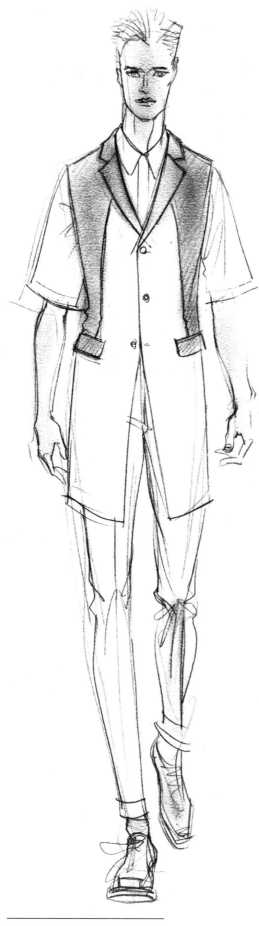

图1-2　男款服装设计图 1

图1-3　男款服装设计图 2

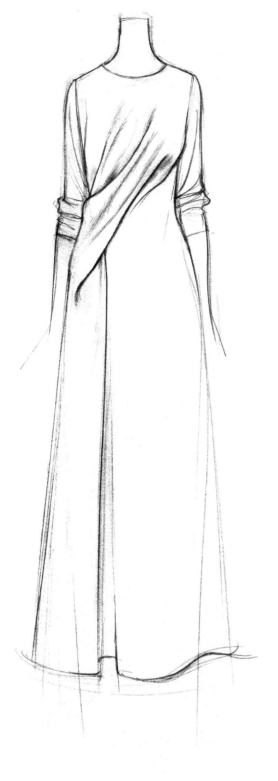

所谓款式图、是指不画人体、只画服装廓型与结构样式的图形，它也是一种独立的设计表达方式（图1-4）。款式图也可以配在设计效果图旁边，是对设计的一种补充说明，是设计图上不可缺少的组成部分。款式图也可用在服装工艺说明书和服装品牌企划书上。

图1-4　服装款式图

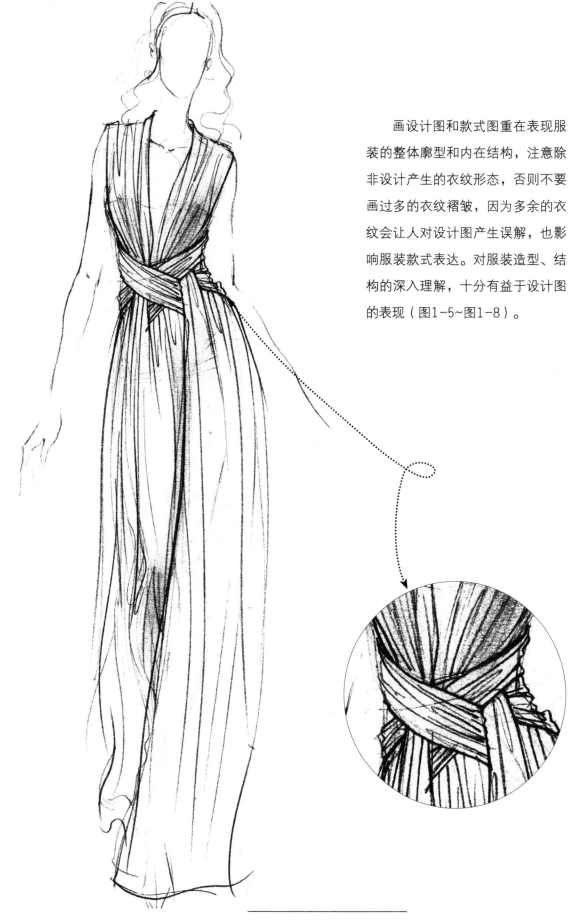

画设计图和款式图重在表现服装的整体廓型和内在结构，注意除非设计产生的衣纹形态，否则不要画过多的衣纹褶皱，因为多余的衣纹会让人对设计图产生误解，也影响服装款式表达。对服装造型、结构的深入理解，十分有益于设计图的表现（图1-5~图1-8）。

图1-5　衣纹褶皱的表现 1

图1-6　衣纹褶皱的表现 2

图1-7　衣纹褶皱的表现 3

图1-8　衣纹褶皱的表现 4

2 以时装插图、广告为目的的速写

　　以时装插图、广告为目的的速写对于绘图者有以下要求：掌握变化丰富、复杂多样的人体动态，了解头部形态、五官及不同的角度变化，尝试多样的服装表现手法与物态环境的表现，把握画面关系（图1-9~图1-11）。此类速写训练更接近于绘画的基础训练。

图1-9　以时装插图、广告为目的的速写1

图1-10　以时装插图、广告为目的的速写 2

图1-11 以时装插图、广告为目的的速写3

时装插图和时装广告画一般多注重渲染艺术气氛，而不去计较服装细节的表现（图1-12、图1-13）。构图和人物动态形式多样，风格大胆、夸张，有时候还要画上背景，主要是为了追求视觉效果或画面形式的变化，这种感觉更接近于绘画。当然有时候服装画与设计图的界限是模糊的。在照相技术不发达的年代，时装插图画家曾非常活跃，那时候的时装杂志的插画和图片都是手绘的，但是在照相技术相对发达的当代，时装画的重要作用相对减弱了许多。

图1-12 以时装插图、广告为目的的速写 4

图1-13 以时装插图、广告为目的的速写 5

3 以设计创意与灵感记录为目的的速写

设计师的速写本是创意与灵感的集散地!

在时装界有高级时装和高级成衣之分,他们各自的制作方式和销售方式不同。用来传达设计意图的时装设计图也不一样。高级时装的设计图,是应顾客订做衣服的需求而画的,是作为一件作品与衣服的制作相关联的。此类设计图有时候是在顾客面前绘制的,根据顾客的具体要求来处理设计效果,一边与顾客协商,一边画给顾客看,一般都画得很快,比较注重设计气氛和效果的表达。与高级成衣的设计图相比,细部画得并不充分,因为在高级时装设计师的旁边,有负责技术的打板师,这些打板师非常理解设计师的设计意图,所以,不必画得那么详细,这就是时装设计草图的最早来源。现在,时装设计草图的含义更为宽泛一些。与高级时装业不同,高级成衣业的分工很细,为了批量生产,也为了减少失误,设计图就要尽量画得详细、准确,以使许多成员(不仅是打板师)都能准确理解其设计意图。可见,虽然设计图的目的是一样的,但使用的场合不同,其画法也不一样。

国外预测流行趋势的服装画手稿一般都是服装设计图类型,服装廓型、内部结构、细节表现都很充分,风格多样,紧紧围绕着流行时尚特征来表现。另外,时装设计图不仅要准确地表达设计意图,也要符合品牌的设计理念。

时装速写要求快速、准确地掌握人体结构和比例,且能迅速表现着装设计意图,这是学习时装画或时装设计图时不可缺少的一种基础训练。

设计师可以把速写本作为图像记事本或图像日记。速写本反映了个人对世界物象的直观看法,其用法又有不同:它可以是随时收集边角布料、影像图片的剪贴簿,也可以是对观察所得的绘画和构思的记录。所有这些,在未来的某天,就可能激发重要的灵感。随身携带一本速写本,你可以随时随地练习自己的设计及手绘技巧。

许多艺术家、设计师携带速写本,以便于尝试不同构思,记录令人印象深刻的景象,而有一些人则用以针对某一主题进行探索,希冀在未来造就灵感。

有效地在速写本上创作是一名艺术类学生提高自身基本功的方式之一。做设计创作和时装插画稿需要运用速写本进行各方面相应的探索。速写本上的创作稿，是围绕确定主题范围展开探索之途的理想方式之一。

速写本的创作通常是灵光一现的记录，它不断实践各种可能并且常用常新，才能累积丰富的观察和构思，为设计和时装画提供灵感。没有必要把速写本当作创作者事后整理的练习作品集一样珍惜对待，这样会失去创作的自由性和自主性。这样的速写本只是无用的工具，而不是艺术创意工作取之不尽的源泉。

4 寻找适合自己的表达方式

现代资讯信息的发达使大家能够通过各种途径看到不同风格样式的服装设计图及插画。我们可以根据自己对专业的理解，寻找、学习既适合自己又符合规律的表达方式。

第二章　人体的比例与形态
Chapter Two

1 服装设计图的人体比例与形态

　　人体比例分配，按比例分配八头身向下加一个头长延至九头身（九头身以上比例是以此为基础，缩小头的大小，并相应协调身体躯干比例）。

　　三分法能够快速确定人体比例：先三等分，头顶到肚脐、肚脐到膝盖、膝盖到足底。三等分后再补充每个单位头长的比例（图2-1~图2-4）。

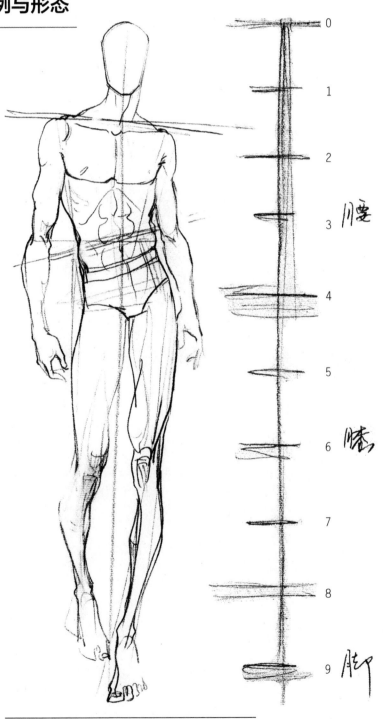

图2-1　服装设计图的男性人体比例与形态1

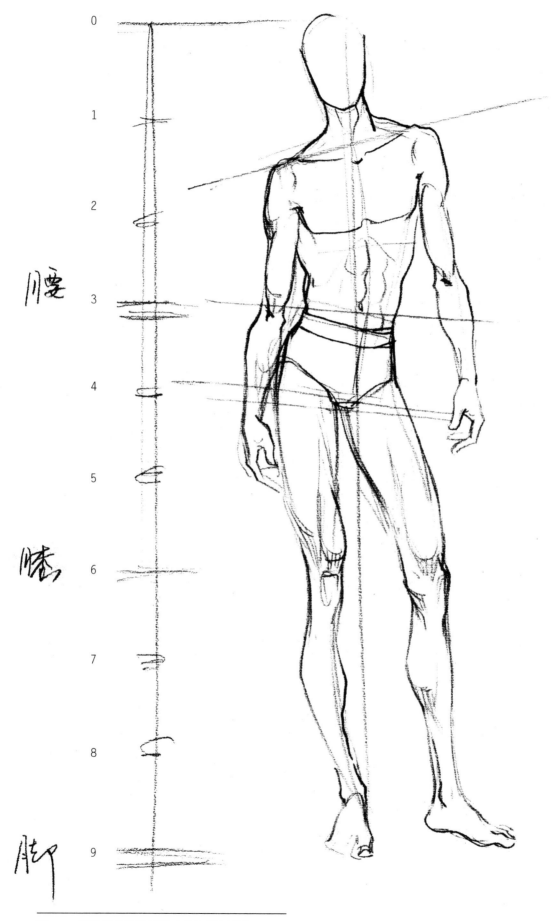

图2-2　服装设计图的男性人体比例与形态 2

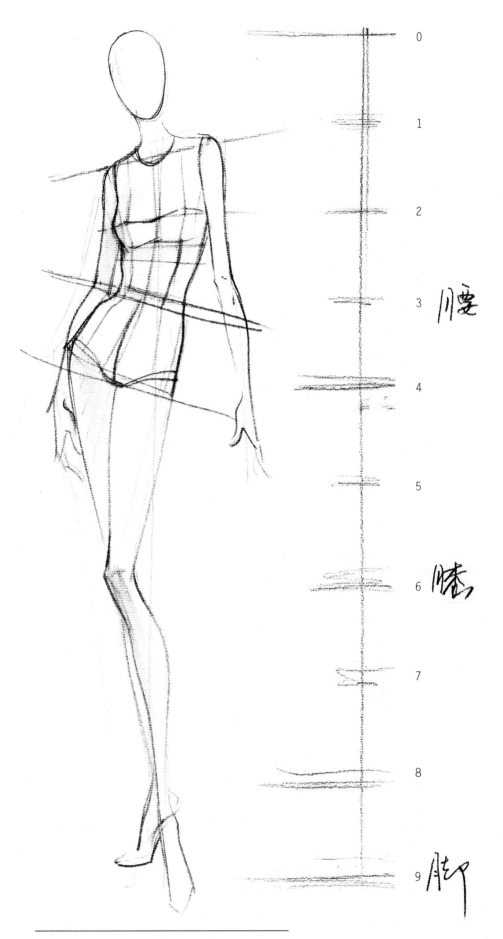

0

1

2

3 腰

4

5

6 膝

7

8

9 脚

图2-3 服装设计图的女性人体比例与形态 1

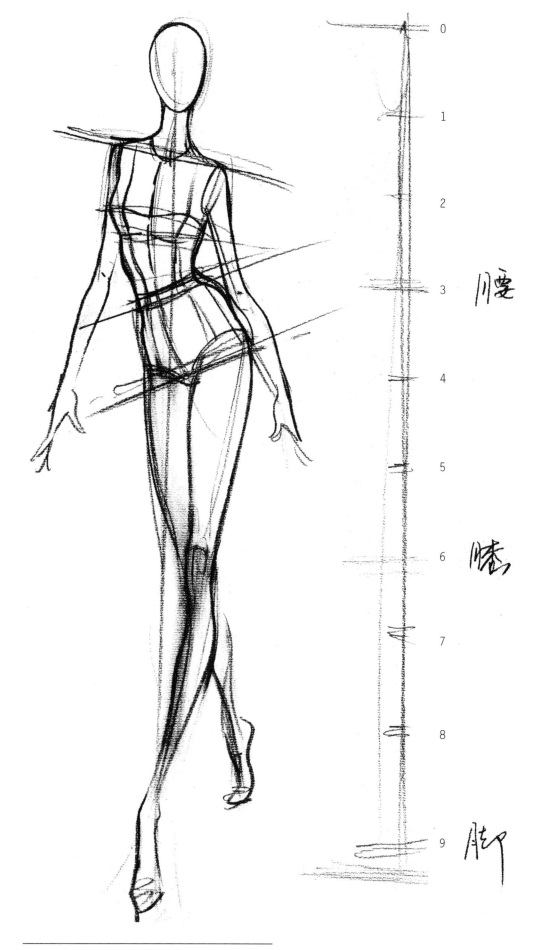

腰

胯

脚

图2-4　服装设计图的女性人体比例与形态2

2 人体动态规律及其变化

　　服装设计图的人体动态最主要的目的是展示服装，动态并不复杂，大多以正面的形象为主，有明确的规律可循，掌握这些基本规律有助于快速勾画人体（图2-5）。

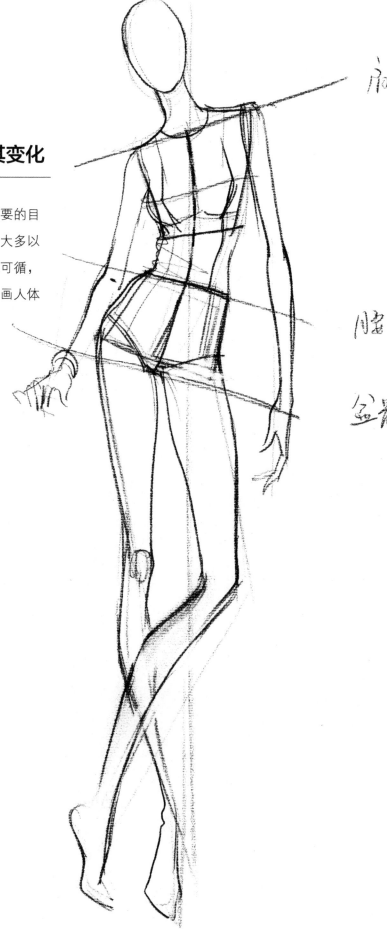

图2-5　人体动态规律及其变化 1

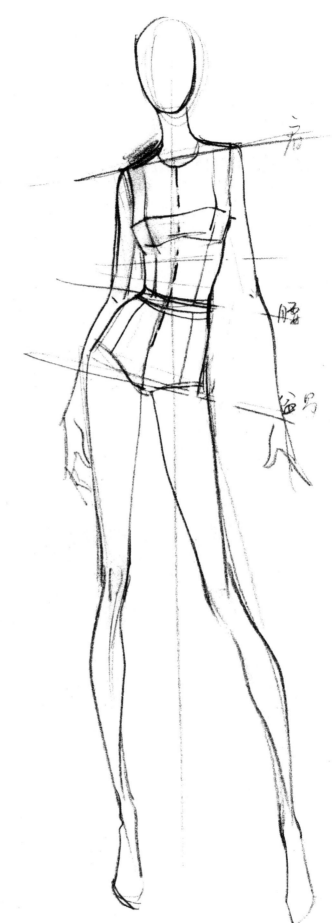

绘制人体动态的要点如下（图2-6、图2-7）：

（1）定重心线，定九头身分配比例，确定头部的大小。

（2）确定肩线与腰线、盆骨的关系是"≤"还是"≥"的方向。

（3）人体中心线位置的偏移朝向是"≥""≤"符号缩小的方向。另外，人体中心线相当于人体动态线。

图2-6　人体动态规律及其变化 2

（4）人体躯干随人体动态线偏移。

（5）支撑脚落点靠近或落在重心线上。

牢记这个程式化的规律，可以帮助你分析掌握典型的服装设计图人体动态。

所有服装设计图人体动态都可以尝试用这种方法去分析把握。至于人体动态的整体形态节奏，则需要看图或在实践中用心体会。实际运用中，这些典型的人体动态只需要掌握2~3种，即可得心应手地画服装设计图。我们甚至可以反复使用一个合适的姿势，只要简单改变面部、发型、胳膊的形态，整个姿势就会感觉不一样。

人体动态的表现要舒展、大方、简洁，给人干净利落的感觉，动态要有整体节奏感，类似"S"形曲线（图2-8~图2-22）。

图2-7　人体动态规律及其变化 3

图2-8　人体动态规律及其变化 4　　　　　　　　　图2-9　人体动态规律及其变化 5

图2-10 人体动态规律及其变化 6   图2-11 人体动态规律及其变化 7

图2-12　人体动态规律及其变化 8　　　　图2-13　人体动态规律及其变化 9

图2-14 人体动态规律及其变化 10

图2-15　人体动态规律及其变化 11　　　　图2-16　人体动态规律及其变化 12

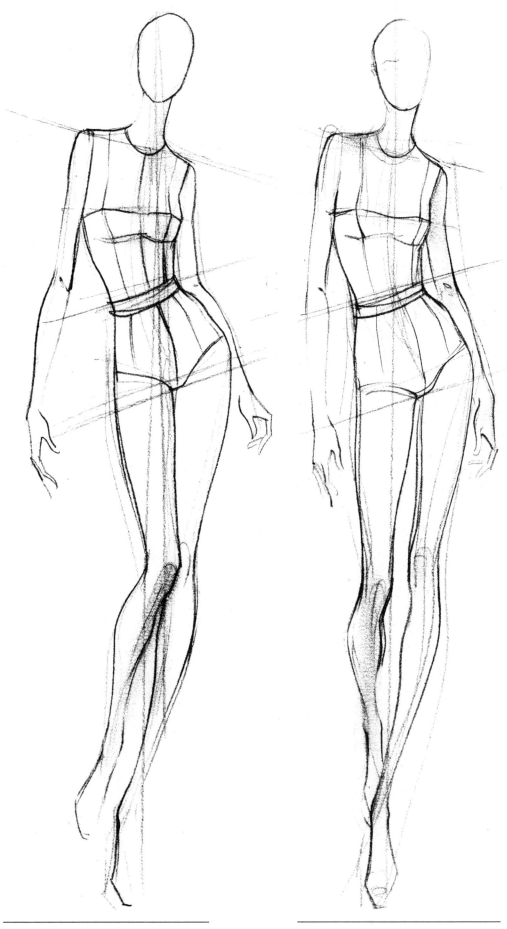

图2-17 人体动态规律及其变化 13   图2-18 人体动态规律及其变化 14

图2-19　人体动态规律及其变化 15 　　　　　图2-20　人体动态规律及其变化 16

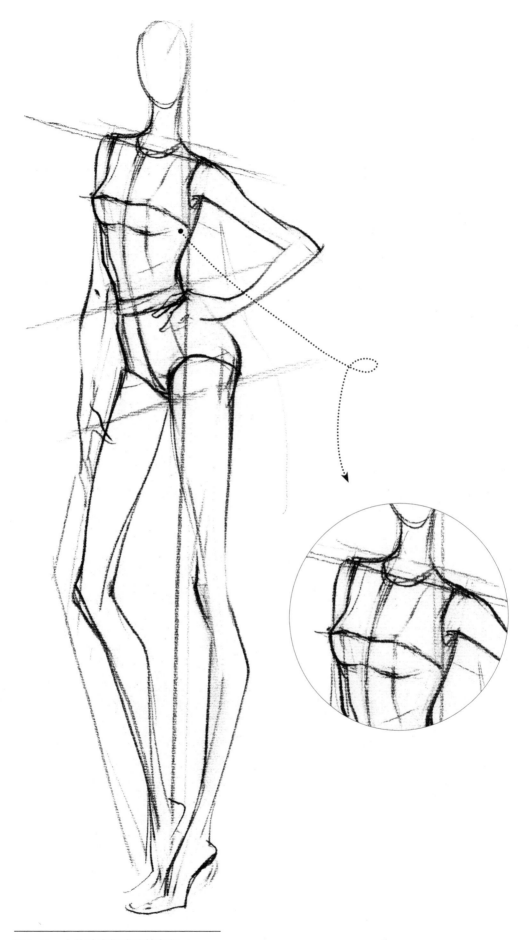

图2-21　人体动态规律及其变化 17

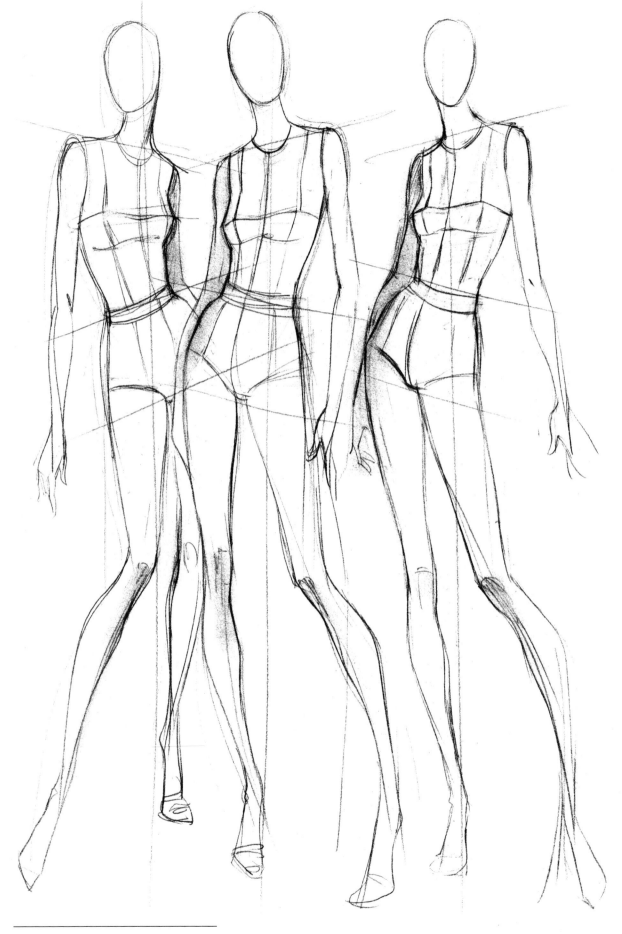

图2-22　人体动态规律及其变化 18

3 人台的动态与基本结构线

现在常用的人台模型上有中心线、领围线、袖窿线、胸围线、公主线、腰围线（包括最高腰围线和最低腰围线）、臀围线，这些辅助线对于服装设计图的表现有很大的帮助。同时要牢记人体外形轮廓的形态特征，主要有正面、侧面、背面之分（图2-23、图2-24）。

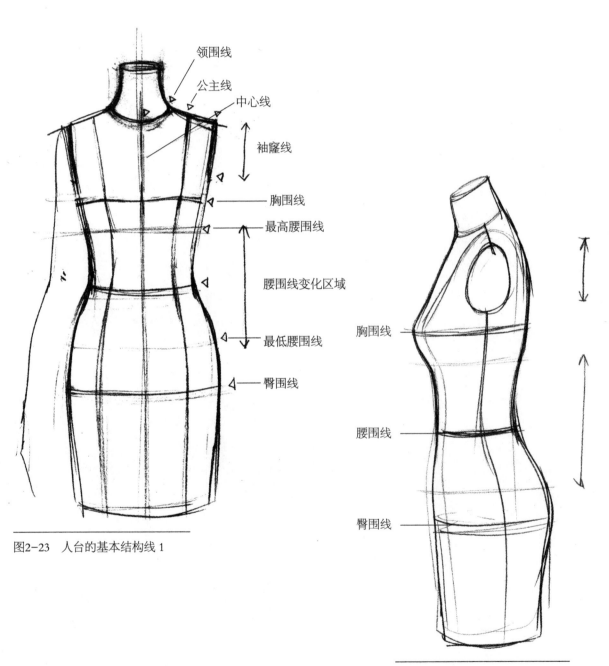

领围线

公主线

中心线

袖窿线

胸围线

最高腰围线

腰围线变化区域

最低腰围线

臀围线

图2-23　人台的基本结构线1

胸围线

腰围线

臀围线

图2-24　人台的基本结构线2

人体动态的截取与动态的人台（图2–25~图2–32）

图2-25　女性动态人台 1

图2-26　女性动态人台 2

图2-28　女性动态人台 4

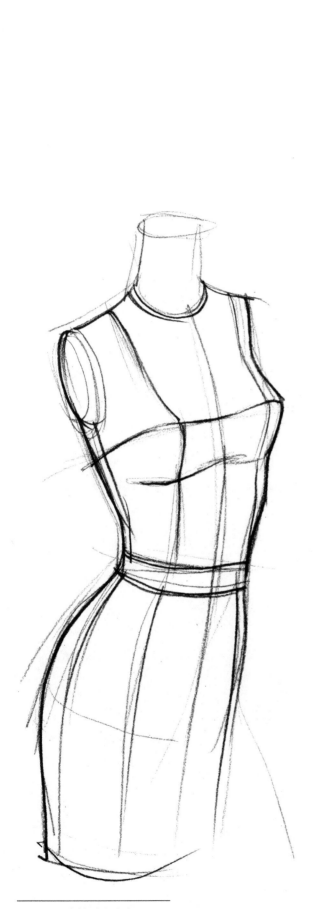

图2-27　女性动态人台 3

图2-29　女性动态人台 5

图2-30　女性动态人台 6

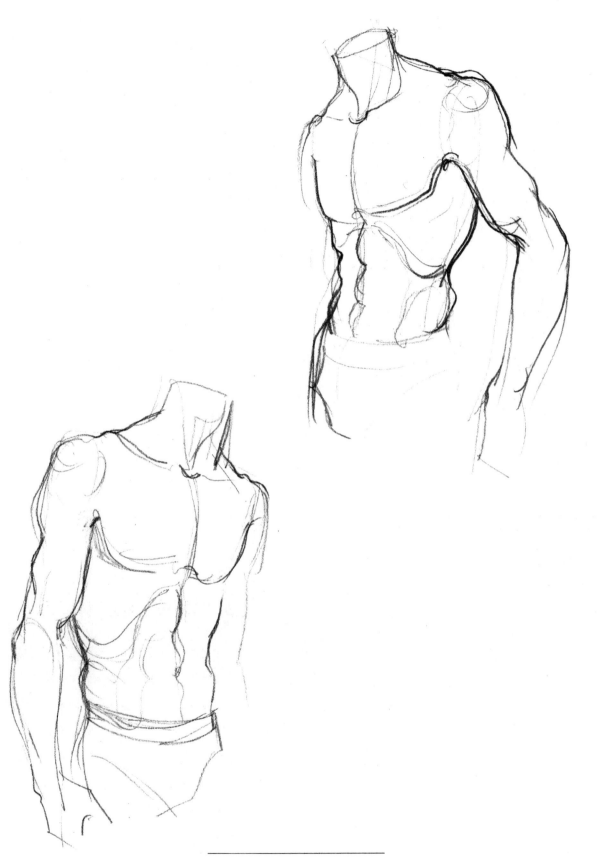

图2-31　男性动态人台系列 1

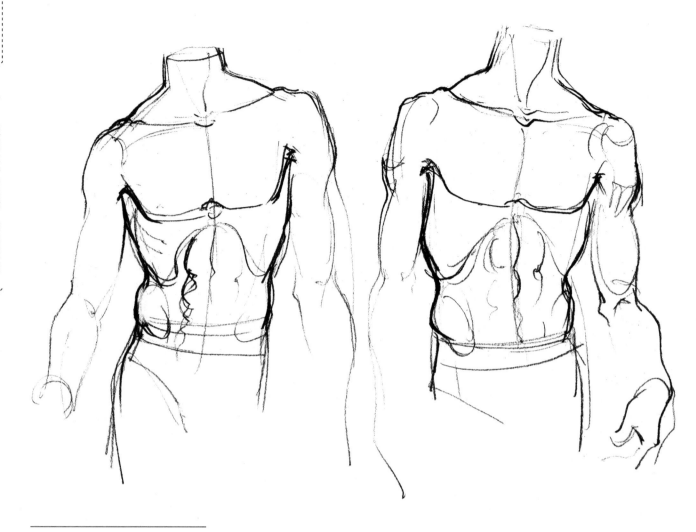

图2-32　男性动态人台系列2

4 时装插画的人体动态

　　时装插画的人体动态除了可以用服装设计图的人体动态，还可以有很多丰富的变化，行动坐卧、奔跑跳跃，透视变形，但是难度非常大，需要良好的绘画基本功。当然，有的时装插画风格不需要写实的能力和写实的表现方法，但需要作者丰富的创造力和独特的审美趣味。

第三章 服装的廓型比例与服装结构
Chapter Three

1 适合于设计的服装分类

（1）非成型服装

非成型服装，即构成形态简单的平面服装。零裁剪或极少量裁剪，直接用面料包裹身体，从肩部垂下，如纱笼、袈裟、莎丽、斗篷、浴巾等，这种类型的服装在东西方的传统服装中都存在。

（2）半成型服装

半成型服装，即有一定平面或立体结构设计处理的服装。此类服装多为直线构成和平面造型的服装，如汉服、和服、阿拉伯长袍等，现代时尚设计中也多有应用。

（3）人体成型服装

人体成型服装接近人体形态，多为曲线构成的立体造型服装。从17～18世纪的欧洲服装到现代服装西式套装等，延伸到现当代服装设计也包括非人体形态的服装立体造型。

人体成型服装适合用设计图来表现，半成型服装、非成型服装则适合用平面展开的款式图表现。

2 服装的廓型与结构分析

服装设计常把服装廓型归纳为A型、T型、H型、O型、X型等，当代服装设计也有很多形态多样的廓型。但是要注意廓型与结构的关系，服装的内在结构要与外轮廓相协调！这也是设计中尤其要注意的问题（图3-1~图3-9）。

图3-1 服装的廓型与结构1

图3-2　服装的廓型与结构 2

ANTONIO MARRAS

图3-3　服装的廓型与结构 3

图3-4　服装的廓型与结构 4

图3-5　服装的廓型与结构 5

图3-6　服装的廓型与结构 6

图3-7　服装的廓型与结构 7　　　　　　　图3-8　服装的廓型与结构 8

图3-9　服装的廓型与结构 9

第四章 服装与人体的关系

Chapter Four

1 标准人台与服装款式图

检验服装款式图表现形态优劣的标准，就是能否把一个标准人台很合适地添加到服装款式图当中，款式图与人台的形态比例应匀称、协调（图4-1）。

2 人台基本结构线的参照作用

（1）领围线、袖窿线、胸围线、腰围线能够帮助判断领深的变化。

（2）领围线、袖窿线、公主线能够帮助判断领宽的变化。

（3）人体中心线、公主线能够帮助判断领子的对称与不对称的变化。

（4）袖窿线、公主线能够帮助判断袖子上肩、落肩的变化。

（5）袖窿线、胸围线、腰围线能够帮助判断袖窿深浅的变化。

（6）胸围线、腰围线、臀围线能够帮助判断衣服长短的变化。

（7）腰围线（最高腰围线、最低腰围线）、臀围线，人台廓型能够帮助判断腰位高低的变化。

（8）袖窿线、腰围线、人台廓型能够帮助判断衣服宽窄的变化。

（9）腰围线、手肘能够帮助判断袖长的变化。

图4-1 标准人台

3 设计图的人体动态规律与服装的形态

不同人体动态的选择要与服装款式结构表现相协调。人体躯干角度的变化、动态幅度的大小、四肢的形态动作等因素构成了人体动态，人体动态要适合展现服装样式（图4-2~图4-4）。

图4-2　设计图的人体动态规律与服装的形态1

图4-3　设计图的人体动态规律与服装的形态 2　　　图4-4　设计图的人体动态规律与服装的形态 3

4 人体动态与服装廓型的比例协调

服装设计图首要的目的是突出服装廓型及结构，如果人体动态较大则会影响服装廓型的表现，因此就要考虑选择动态较小的或直身站立的人体模特进行表现。服装廓型的长短、宽窄、形态等与人体的比例、位置、体量大小关系明确，是服装设计图的重要组成部分（图4-5）。

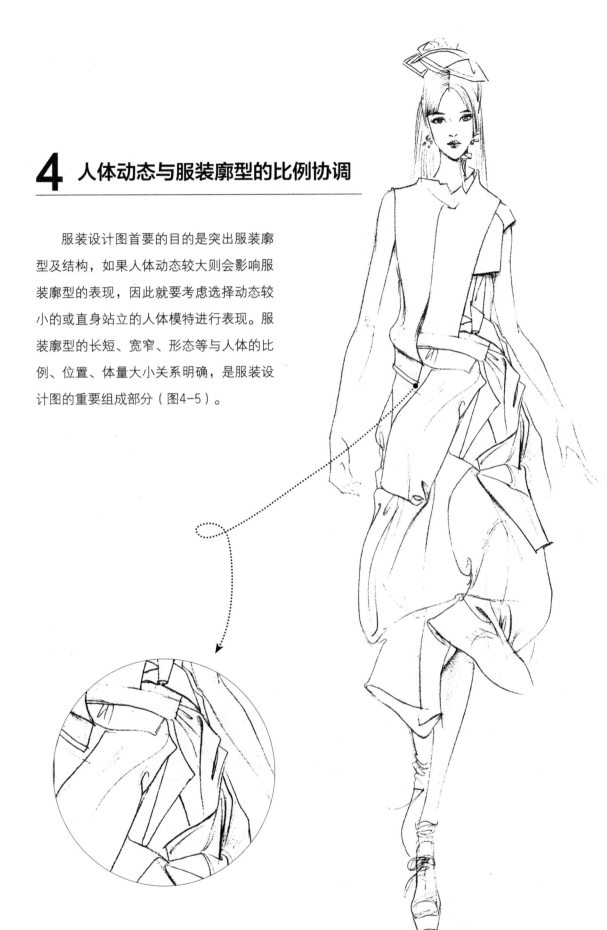

图4-5 人体动态与服装廓型的比例协调

5 衣纹褶皱与服装结构的关系

衣纹褶皱有两种类型：一种是服装穿着后形成的褶皱，这种褶皱如果影响了服装款式的表现就要减弱或者舍弃掉；另一种是设计造型形成的褶皱，这种褶皱就是款式本身的组成部分，需要突出表现（图4-6、图4-7）。

图4-6　衣纹褶皱与服装结构的关系1

图4-7　衣纹褶皱与服装结构的关系 2

6 观察—理解—设计

服装设计的基本要素包括色彩、材料、廓型、结构、细节装饰等。学习画服装设计图首先要养成仔细观察推敲服装廓型、结构、细节的习惯，色彩、面料在进一步的专业课程学习中也会涉及（图4-8~图4-18）。

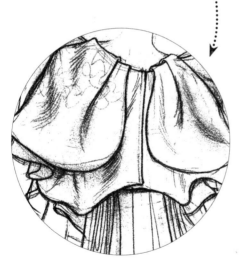

图4-8　服装设计图案例1

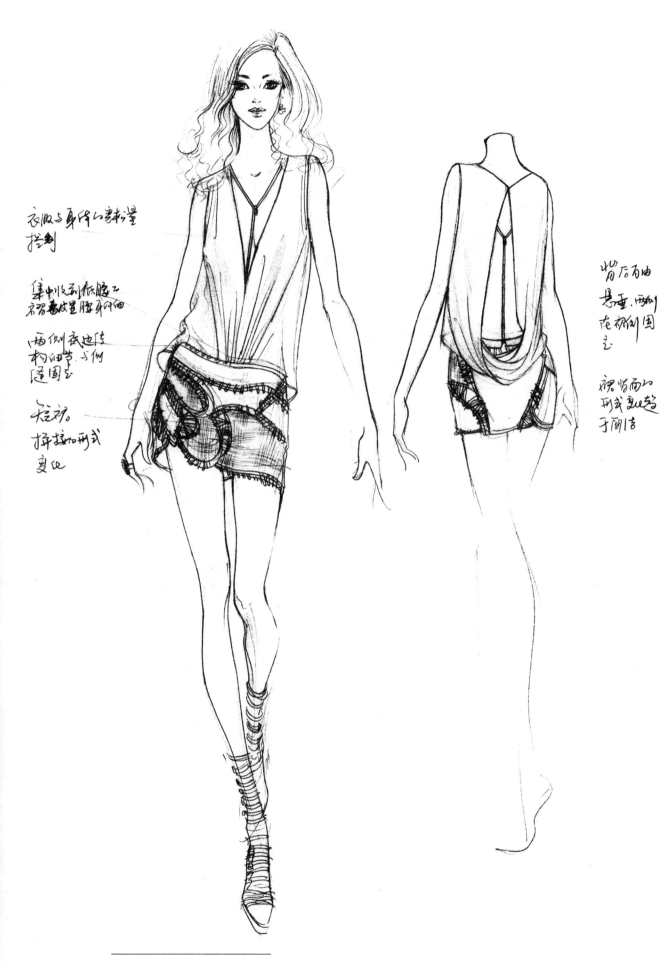

衣服与身体的悬浮关量
控制

集中收剖低腰上
衣裙垂成置膝弃内侧

两侧衣边结
构细节与侧
适围玄

短裙。
揖搭加形式
变化

背后面曲
悬垂,两侧
在视侧围玄

视帽而以
形式就起
于间话

图4-9　服装设计图案例2

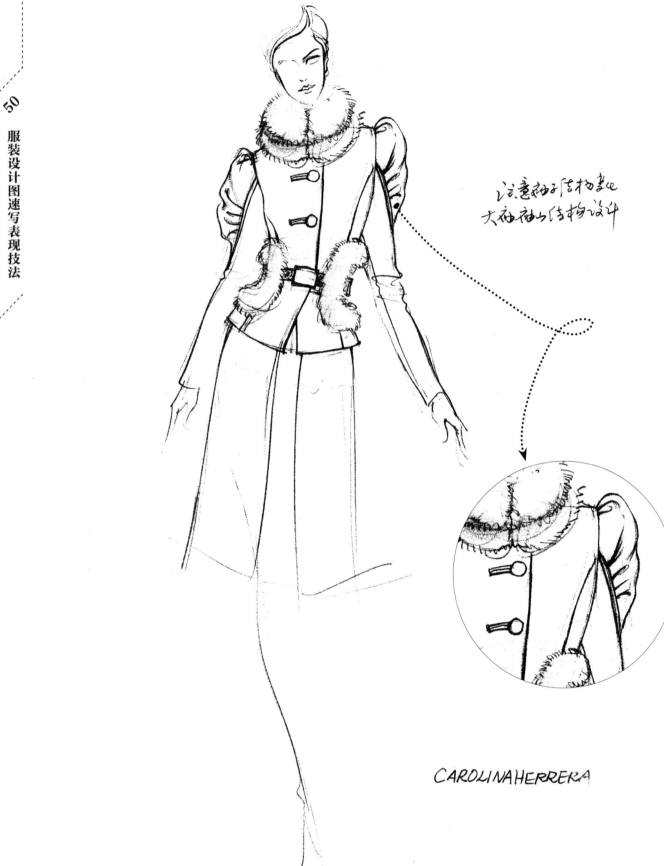

注意袖子结构起
大衣袖山结构设计

CAROLINAHERRERA

图4-10　服装设计图案例3

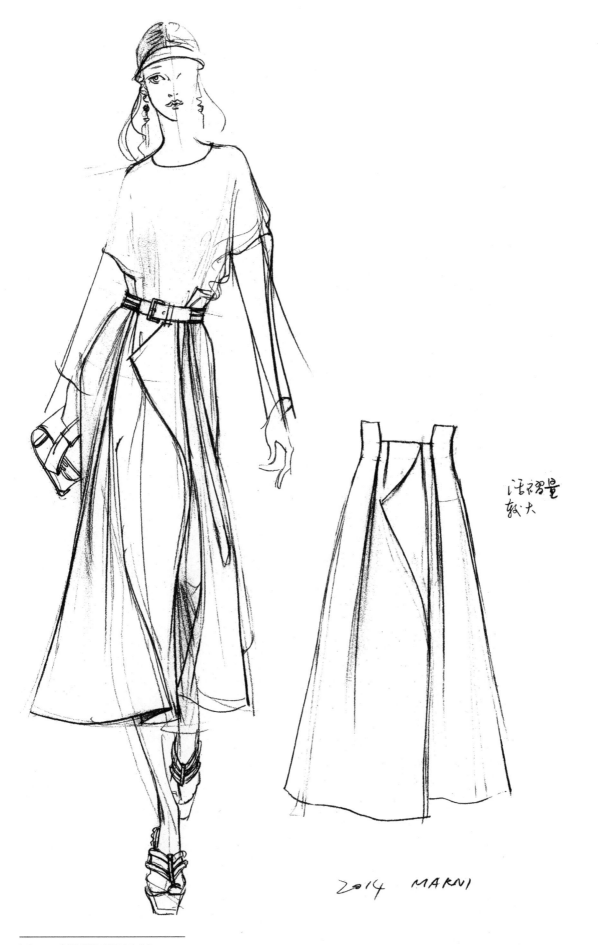

2014 MARNI

图4-11 服装设计图案例4

图4-12　服装设计图案例5

图4-13 服装设计图案例 6 　　　　　图4-14 服装设计图案例 7

图4-15　服装设计图案例8

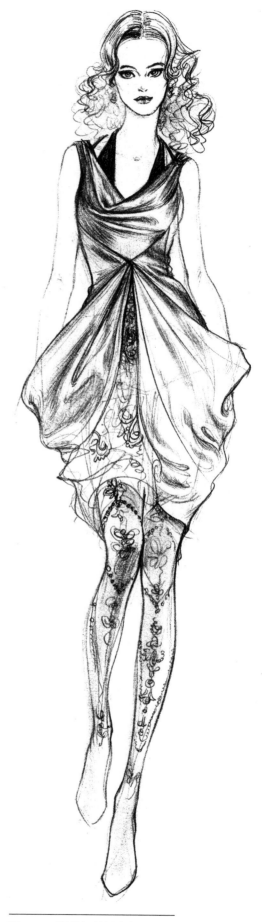

图4-16　服装设计图案例9

图4-17 服装设计图案例 10

图4-18 服装设计图案例 11

第五章 以服装结构设计为中心

Chapter Five

尽管这是一本教大家画服装速写的书，但是要记住最终的目的不是要求如何画画，而是要学会如何清晰地表达服装设计。

1 服装速写的整体观察与表现——廓型与结构

在服装设计速写中主要涉及廓型、结构与细节装饰，所以这些方面是首先表现的重点。其次，再根据设计需要考虑色彩和材料。如果把服装设计速写作为服装设计中的一个环节来考虑，依据设计要素有所衍生变化，而不仅仅是绘画性的基础训练，对于服装设计的专业学习会有很大的帮助（图5-1、图5-2）。

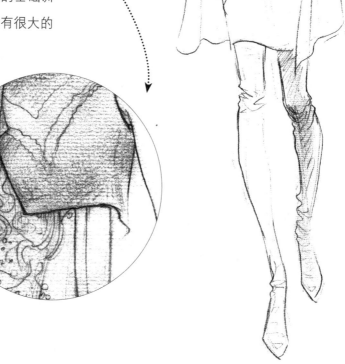

图5-1 服装速写的廓型与结构1

图5-2　服装速写的廓型与结构 2

2 人体形态比例与服装形态比例关系

　　从广义上看，服装对于人体是包裹、披挂的关系，所以服装廓型的长、短、宽、窄，形态比例变化，结构的比例分割，这些都与人体本身的比例形态存在着密切的关系（图5-3~图5-6）。

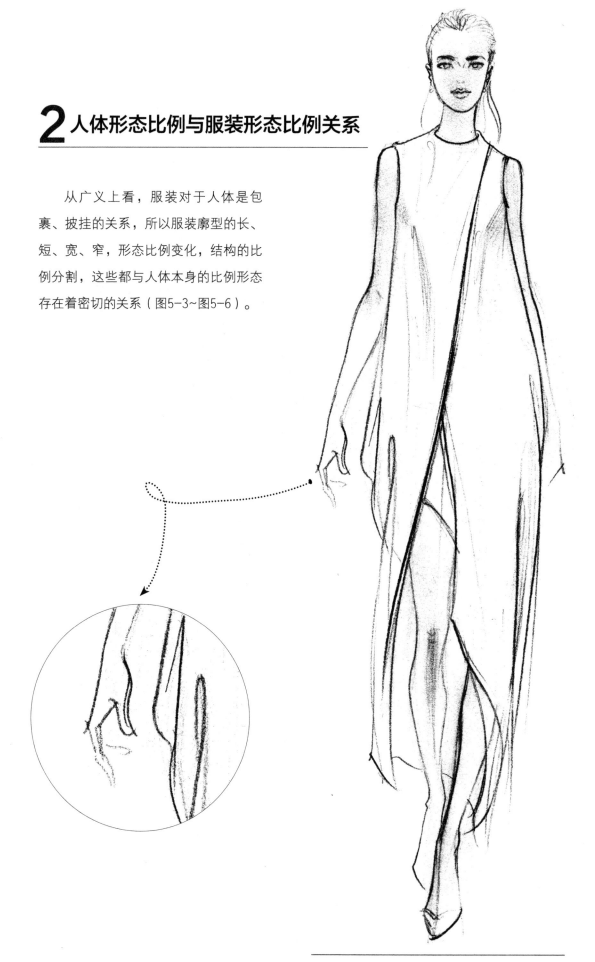

图5-3　人体形态比例与服装形态比例关系1

JOHNGALLIANO

图5-4 人体形态比例与服装形态比例关系 2

图5-5　人体形态比例与服装形态比例关系 3　　　图5-6　人体形态比例与服装形态比例关系 4

3 从服装速写中体会设计的形式法则

　　高校艺术设计专业的基础课程多有三大构成的课程，从平面、立体、色彩抽离出来的形式法则，变化统一、空间、色彩、平衡、比例、节奏、强调、协调、疏密、肌理等形式语言在任何一个艺术设计专业方向都会涉及，服装设计也不例外。但是，如何联系到设计实践则是一个艺术设计专业学生必须尽早意识到的问题，我们在服装设计速写中也要贯穿对形式法则的理解与应用（图5-7、图5-8）。

图5-7　从服装速写中体会设计的形式法则1

图5-8　从服装速写中体会设计的形式法则 2

4 结构设计的展开与人体包装

  任何服装的源起都是从平面的材料经过裁剪后，包裹、披挂于人体之外，结构的设计变化能导致包裹或披挂于人体形态之上的服装发生变化，服装的廓型就会随着人体的形态而变化。只要有合理的结构设计，既能保证服用功能的同时，又具有形式美感。这种包裹、披挂在合乎规矩的情况下就会有无限的创意。所以从结构出发去考虑服装设计是设计图表现的根本。我们这里用"人体包装"这个词是为了回归到服装设计的起点，同时又拓宽思维的路径。要善于把服装图片快速转换成设计效果图和平面款式图，然后再展开结构分析，这种结构分析对于学习设计有很大的帮助（图5-9、图5-10）。

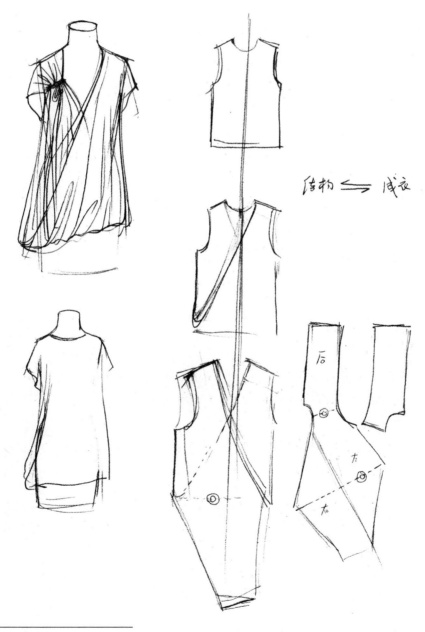

结构 ⇌ 成衣

图5-9　结构设计的展开 1

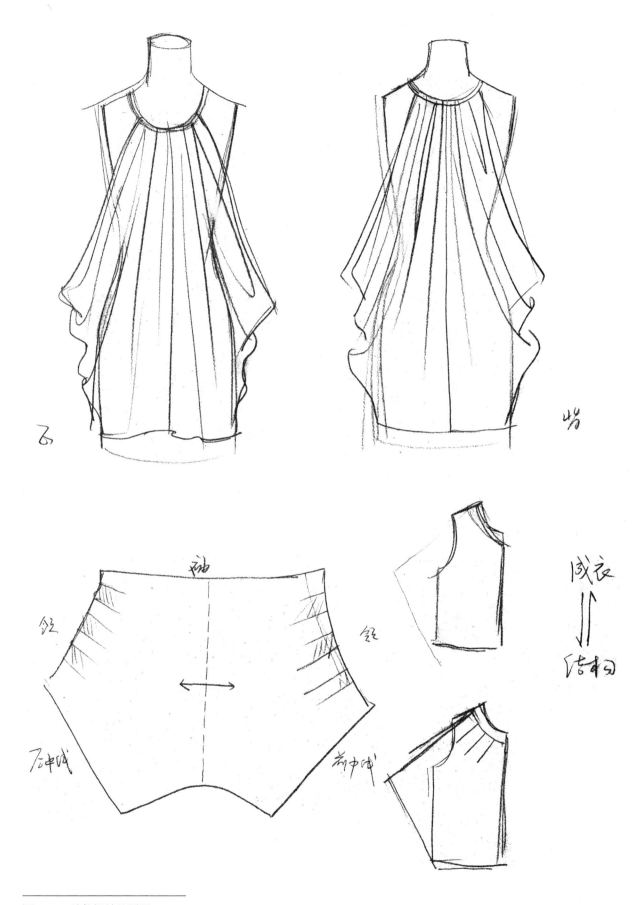

图5-10　结构设计的展开 2

5 从速写到实践——结构设计拓展与创意

在第三章里我们讲到适合于设计的服装分类，对于成型的服装用设计图或款式图可以表现得很清楚，但是非成型与半成型服装很难直接通过设计图和款式图表现，需要平面展开款式图或结构图的辅助才能表达清楚。因此，设计中先要考虑清楚服装的结构，才能画出平面款式图，再考虑包裹在人体上的效果。在服装设计中，成型类的服装结构也会有复杂多变的地方。无论什么类型的服装，学生都需要训练自己的空间想象能力，从穿着状态分析平面的结构，又能从平面的结构联系到穿着状态，这种由设计图到结构，由结构到设计图的正向、逆向的思维对服装设计都有极大帮助，后面的专业学习则更需要动手实践。这个时候，速写是快速记录和存储设计灵感的有效方法之一。

第六章　服装速写表现技巧

Chapter Six

之所以把速写的表现技巧放在后面进行讲解是因为服装设计的表现首先应该是设计意识先行，然后是表现技巧的完善，整个服装设计的过程也是这样。

1 线条，结构与细节

线条

在服装设计图和款式图的绘画表现中，线条是起决定性作用的，只有线条才能把服装的款式结构和细节表现清楚。线条本身也有质感的变化（图6-1）。

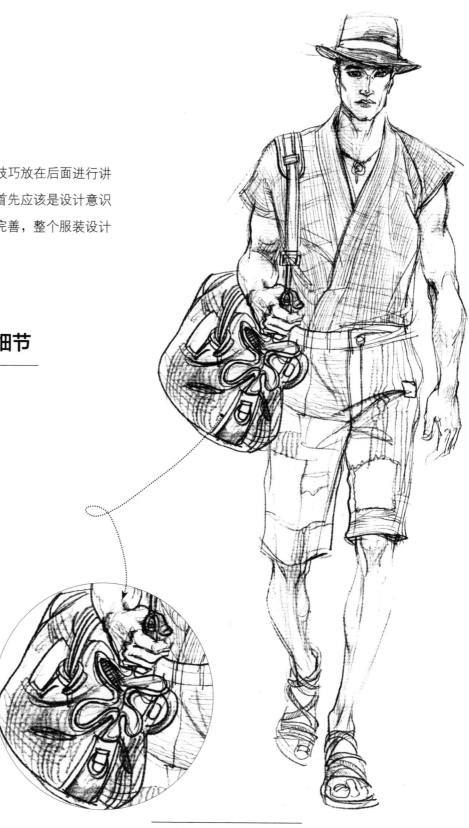

图6-1　服装速写的线条

结构与细节

　　服装本身的廓型款式、内分割结构、装饰细节等构成了服装的结构与细节（图6-2~图6-12）。

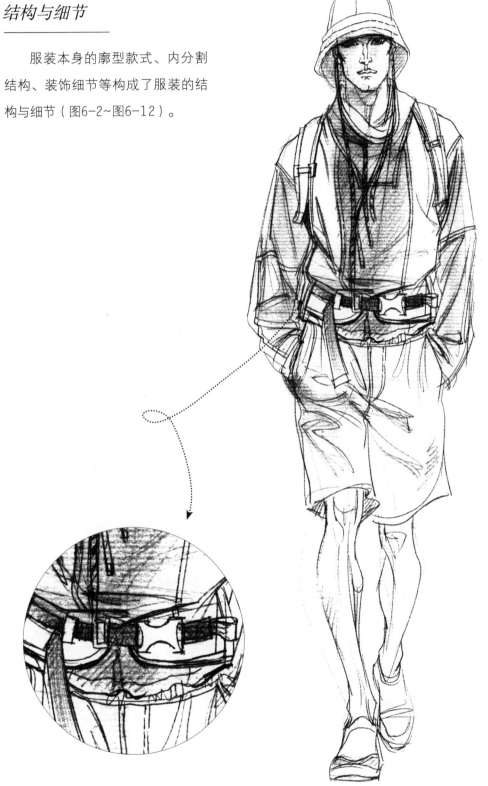

图6-2　服装速写的结构与细节 1

图6-3 服装速写的结构与细节 2   图6-4 服装速写的结构与细节 3

图6-5　服装速写的结构与细节 4

图6-6　服装速写的结构与细节 5

图6-7 服装速写的结构与细节 6

图6-8　服装速写的结构与细节 7

图6-9　服装速写的结构与细节 8　　　　　图6-10　服装速写的结构与细节 9

图6-11　服装速写的结构与细节 10　　　图6-12　服装速写的结构与细节 11

2 虚实与取舍

虚实

在服装设计图的速写表现中，要注意衣服与人体接触的地方为实，衣服与人体分离的部分为虚，处理好这种虚实关系才能表现好着装效果（图6-13）。

DILEK HANIF

图6-13　服装速写的虚实关系

取舍

在服装设计图的速写技法中，一些细节应有适当的取舍与调整。例如，服装的自然褶皱会影响到服装结构的表现时，应弱化甚至舍弃一些服装的自然褶皱，进而着重表现服装的结构设计（图6-14~图6-16）。

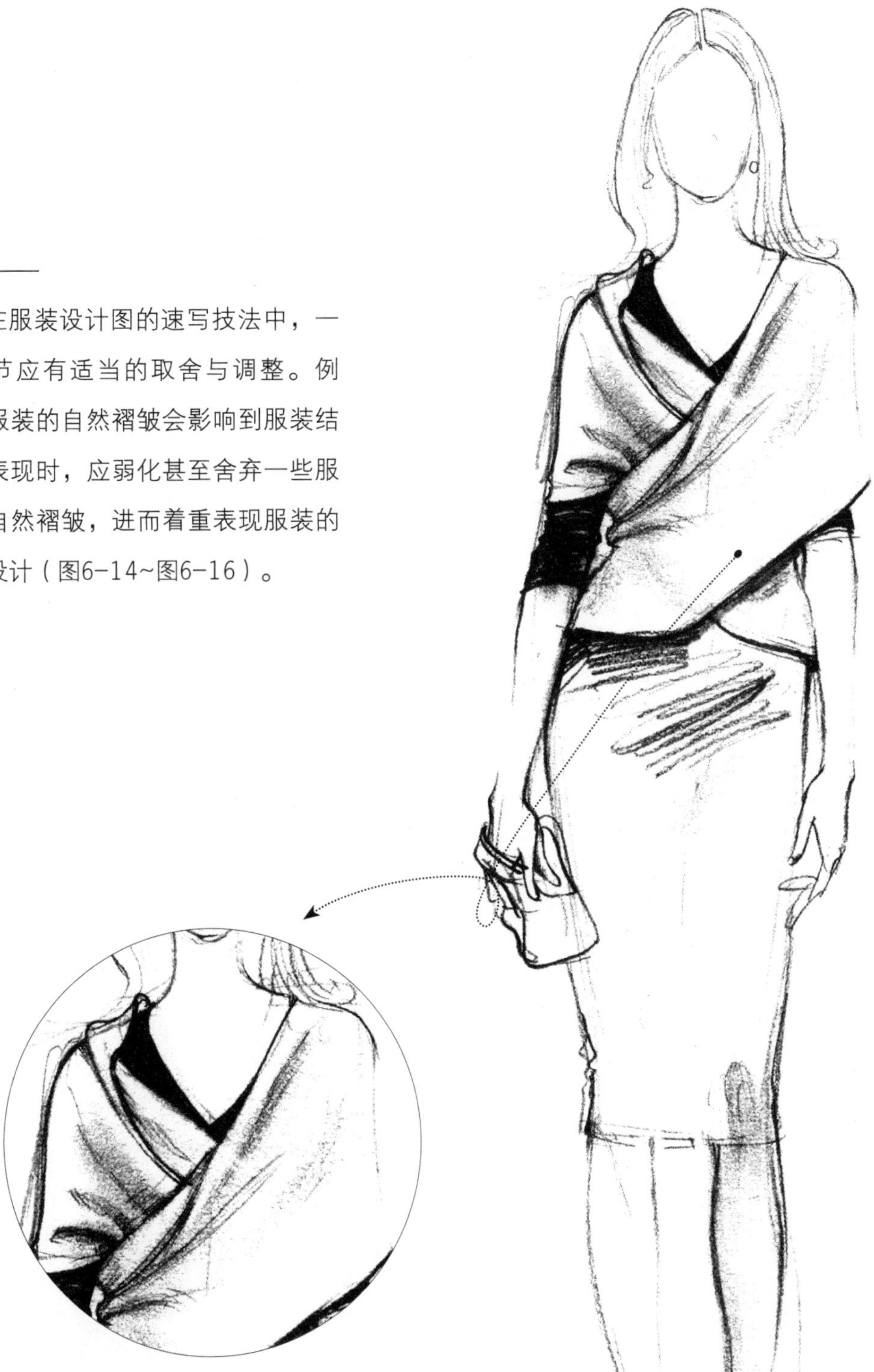

Tomas maier 2016

图6-14 服装速写的细节取舍 1

图6-15　服装速写的细节取舍 2　　　　图6-16　服装速写的细节取舍 3

3  写实与夸张

　　服装画夸张变形多在于人体的拉长，动态的强调，五官的夸张，身体节奏形态的强化，透视变形等。当然，夸张与变形与审美趣味关系密切（图6-17~图6-29）。

图6-17　服装速写的写实与夸张 1

图6-18　服装速写的写实与夸张 2　　　　　图6-19　服装速写的写实与夸张 3

图6-20 服装速写的写实与夸张 4

图6-21　服装速写的写实与夸张 5

图6-22 服装速写的写实与夸张 6

图6-23　服装速写的写实与夸张 7

图6-24　服装速写的写实与夸张 8

图6-25　服装速写的写实与夸张 9

图6-26　服装速写的写实与夸张 10　　　　　图6-27　服装速写的写实与夸张 11

图6-28　服装速写的写实与夸张 12

图6-29　服装速写的写实与夸张 13

第七章
Chapter Seven

服装画快速着色表现技法

案例一　铅笔淡彩女装步骤

　　步骤1、步骤2：快速、简略画出人体动态，然后绘制五官及发型(图7-1、图7-2)。

图7-1　步骤1

图7-2　步骤2

步骤 3～步骤 5：绘制手部线条以及着装的形态，礼服的线条随衣纹褶皱及人体形态进行描绘，用线自由、流畅（图 7-3～图 7-5）。

图7-3　步骤 3

图7-4　步骤 4

图7-5　步骤 5

步骤6、步骤7：绘制服饰配件细节，根据衣纹褶皱绘制简略的明暗调子（图7-6、图7-7）。

步骤8：为上色前的速写完成效果（图7-8）。

步骤9：用肤色淡淡地绘制面部结构，由浅入深逐步丰富（图7-9）。

步骤10、步骤11：绘制肩颈及手臂，按结构造型用笔，淡淡铺染开（图7-10、图7-11）。

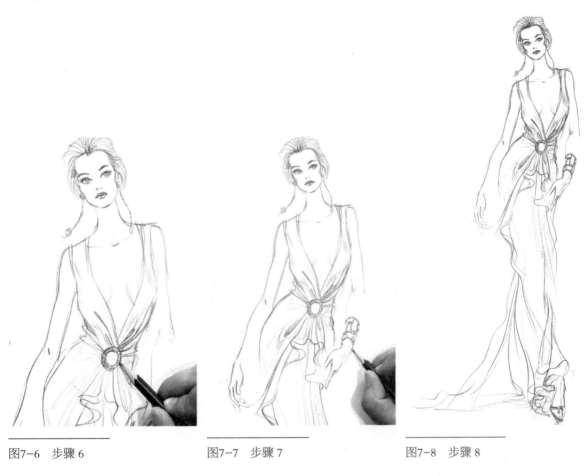

图7-6　步骤6　　　　　　　图7-7　步骤7　　　　　　　图7-8　步骤8

图7-9　步骤9

图7-10　步骤10

图7-11　步骤11

步骤 12、步骤 13：按人体结构进一步加深完成肤色绘制（图 7-12、图 7-13）。

步骤 14~ 步骤 17：绘制头发，先用浅色，按发型组织结构方向用笔，再逐步加深，且留出高光部分（图 7-14~ 图 7-17）。

图7-12　步骤 12　　　　　　　　　　　图7-13　步骤 13

图7-14　步骤14

图7-15　步骤15

图7-16　步骤16

图7-17　步骤17

步骤18~步骤22：妆容的颜色过渡要自然、柔和，用笔同时注意面部结构造型（图7-18~图7-22）。

图7-18　步骤18

图7-19　步骤19

图7-20　步骤20

图7-21　步骤21

图7-22　步骤22

步骤23~步骤28：绘制衣纹，用笔随褶皱变化走向运行，由浅入深，或由深到浅都可自由控制，干湿结合，富有变化（图7-23~图7-28）。

图7-23　步骤23

图7-24　步骤24

图7-25　步骤25

图7-26　步骤26

图7-28　步骤 28

图7-27　步骤 27

步骤29~步骤34：丰富衣纹褶皱，颜色过渡要柔和变化，留白根据衣纹与人体结构关系进行处理，并加深细节层次的颜色（图7-29~图7-34）。

图7-29　步骤29

图7-30　步骤30

图7-31　步骤31

图7-32　步骤32

图7-33　步骤33

图7-34　步骤34

步骤35、步骤36：采用湿画法处理背景及地面阴影（图7-35、图7-36）。

步骤37：使用有光泽的珠光笔绘制服饰配件的细节（图7-37）。

图7-35　步骤35

图7-36　步骤36

图7-37　步骤37

图 7-38 为案例一作品完成效果图。

图7-38　完成图

案例二 铅笔淡彩女装

步骤 1：大致勾勒人体动态、姿势及五官；
勾勒五官细节及头饰；勾勒手臂的结构，检查整
体造型细节问题（图 7-39）。

图7-39 步骤1

步骤 2：上肤色，可以先按面部结构绘制深色部分（图 7-40）。

步骤 3：由深色逐渐过渡，按结构运笔描绘（图 7-41）。

步骤 4：绘制颈部的结构，先绘制深色再过渡到浅色，笔触随结构走（图 7-42）。

图7-40　步骤 2

图7-41　步骤 3

图7-42　步骤 4

步骤5~步骤7：绘制肩部和手臂的结构，颜色由深到浅，按结构用笔过渡（图7-43~图7-45）。

步骤8、步骤9：按结构描绘手臂（图7-46、图7-47）。

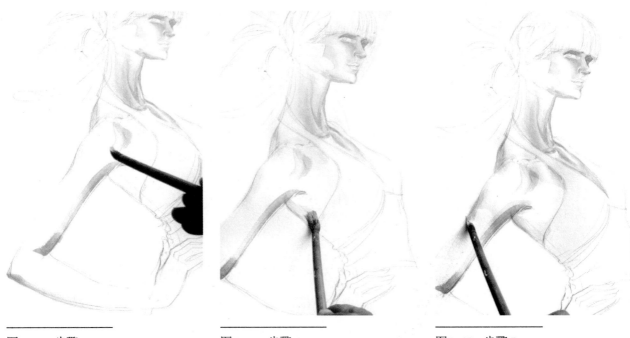

图7-43　步骤5　　　　　图7-44　步骤6　　　　　图7-45　步骤7

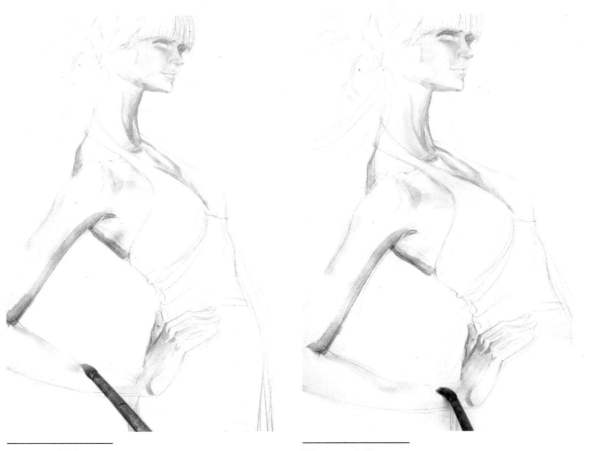

图7-46　步骤8　　　　　　　　　图7-47　步骤9

步骤10～步骤14：按结构进一步加深肤色，如下颌、肩、颈、锁骨、手臂等（图7-48～图7-52）。

图7-48　步骤10

图7-49　步骤11

图7-50　步骤12

图7-51　步骤13

图7-52　步骤14

步骤 15、步骤 16：按头发的组织结构造型用笔，可以先画深色再过渡到高光部分（图 7-53、图 7-54）。

步骤 17：头饰部分留白，用头发深色来衬托（图 7-55）。

步骤 18、步骤 19：勾勒眼睛的形态，上眼睑画深、重一些，下眼睑画得轻且有虚实变化，眼白、瞳孔高光用白色提亮（图 7-56、图 7-57）。

图7-53　步骤 15

图7-54　步骤 16

图7-55　步骤 17

图7-56　步骤 18

图7-57　步骤 19

步骤20、步骤21：右眼要画得虚一些，同时要注意透视变化，头发与眼睛的轮廓用淡色过渡一下（图7-58、图7-59）。

步骤22、步骤23：仔细调整面部的细节，如鼻底、人中、唇部轮廓等（图7-60、图7-61）。

图7-58　步骤 20

图7-59　步骤 21

图7-60　步骤 22

图7-61　步骤 23

步骤24~步骤26：绘制嘴唇的颜色，仔细描绘面部的妆容，以衬托头饰的轮廓线（图7-62~图7-64）。

步骤27~步骤29：背景、头饰到肩的颜色要柔和过渡，前面的头饰用白色提亮（图7-65~图7-67）。

图7-62　步骤24

图7-63　步骤25

图7-64　步骤26

图7-65　步骤27

图7-66　步骤28

图7-67　步骤29

步骤 30、步骤 31：绘制衣纹褶皱，先画浅色，再加深皱褶细节，用笔要松动一些（图 7-68、图 7-69）。

步骤 32：采用干湿结合的手法，用笔松动且简略地勾勒出图案花纹，图案不追求具象，表意即可（图 7-70）。

图7-68　步骤 30

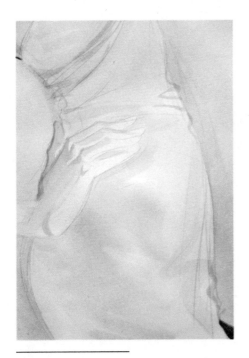

图7-69　步骤 31

图7-70　步骤 32

图 7-71 为案例二作品完成效果图。

图7-71 完成图

图7-72　步骤1

案例三　铅笔淡彩女装

步骤1、步骤2：服装线条的表现要放松、流畅，富有弹性，头发的线条也要柔和、自然，但描绘时要有质感的区别。五官的细节描绘精致，造型要准确，衣身上的花型描绘轻柔，注意花型与身体形态的关系（图7-72、图7-73）。

步骤3中，淡淡地平铺一层肤色（图7-74）。

图7-73　步骤2

图7-74　步骤3

步骤4~步骤6：由于衣服的花饰是纱质半透明的，所以皮肤被遮掩的部分也要上色；模特腿部描绘需要按结构形态用笔，注意前后关系和薄纱的遮掩关系；第二遍上肤色时需要按结构及光影关系略加深；没有被薄纱遮挡的肤色略深一些（图7-75~图7-77）。

图7-75　步骤4

图7-76　步骤5

图7-77　步骤6

步骤7：处理好肤色的过渡，调整细节层次（图7-78）。

步骤8：绘制头发，先淡淡衬出面部轮廓，再加深颜色，用笔按头发的走向轻快运行（图7-79）。

图7-78　步骤7

图7-79　步骤8

步骤9~步骤11：注意按头发的形态，一组一组地用笔，用笔要肯定、轻快（图7-80~图7-82）。

图7-80　步骤9

图7-81　步骤10

图7-82　步骤11

步骤12~步骤14：服装着色时，先画阴影及衬托服装层次的地方，颜色要淡一些，用笔轻快；注意颜色浓淡干湿的微妙变化；绘制花饰时，用笔按花型的走向轻扫，点染花蕊；加深局部的色彩层次，进一步衬托面料质感（图7-83~图7-85）。

图7-83　步骤12

图7-84　步骤13

图7-85　步骤14

图 7-86 为案例三作品完成效果图。

图7-86　完成图

案例四 铅笔淡彩女装

步骤1：根据人体动态完成着装线稿，可以看出因为衣裙的宽松，弱化了人体动态的幅度（图7-87）。

图7-87 步骤1

步骤2~步骤4：平铺肤色后，再根据人体面部结构特点点染加深肤色以及妆容效果（图7-88~图7-90）。

步骤5：头发选铺淡色，再加深，用笔按发丝走向描绘（图7-91）。

步骤6：按头发编织结构特点，根据前后关系加深暗部（图7-92）。

图7-88　步骤2　　　　　图7-89　步骤3　　　　　图7-90　步骤4

图7-91　步骤5　　　　　　　　　图7-92　步骤6

步骤7：眼睛瞳孔着色宜淡，眼白可用白色进行绘制（图7-93）。

步骤8、步骤9：铺裙子底色，注意要用较淡的颜色按褶皱起伏绘制（图7-94、图7-95）。

步骤10：用淡玫红色、淡灰色绘制上衣与裙子的图案纹理（图7-96）。

图7-93　步骤 7

图7-94　步骤 8

图7-95　步骤 9

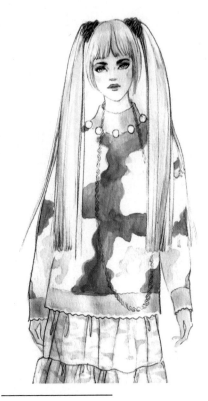

图7-96　步骤 10

图 7-97 为案例四作品完成效果图。

图7-97　完成图

案例五　铅笔淡彩男装

　　步骤1~步骤3：描绘人体的肌肉结构造型，在画好的人体动态上勾勒服装褶皱（图7-98~图7-100）。

图7-98　步骤1

图7-99　步骤2

图7-100　步骤3

步骤4：绘制面部肤色，上色按结构起伏用笔，控制好浓淡干湿，可以先上深色再画浅色，再慢慢晕染开来（图7-101）。

步骤5、步骤6：绘制手臂与腿部，可以根据结构先平涂，也可以在运笔过程中控制浓淡干湿变化来表现，一气呵成（图7-102、图7-103）。

图7-101　步骤4

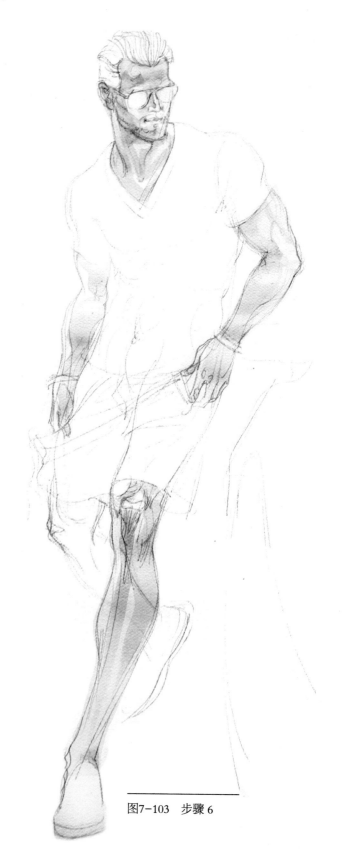

图7-103　步骤6

图7-102　步骤5

步骤7、步骤8：按照人体结构加深肤色的暗部（图7-104、图7-105）。

步骤9：肤色有的地方需要柔和过渡细节，再进一步丰富层次（图7-106）。

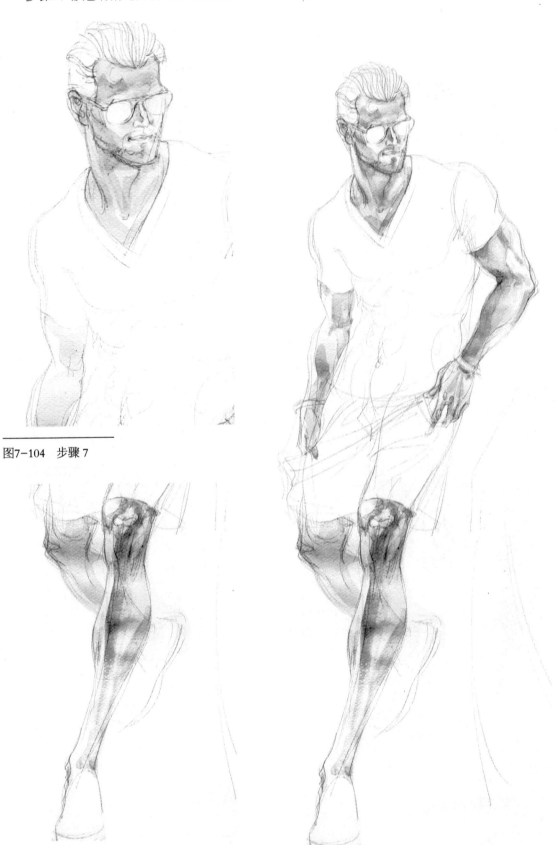

图7-104　步骤7

图7-105　步骤8

图7-106　步骤9

步骤 10、步骤 11：须发风格与整体造型一致，用笔进行点染（图 7-107、图 7-108）。

步骤 12：铺服装底色，浅色随衣褶方向快速运笔（图 7-109）。

图7-107　步骤 10

图7-108　步骤 11

图7-109　步骤 12

步骤13：逐步依褶皱规律加深丰富服装暗部层次（图7-110）。

图7-110　步骤13

步骤14、步骤15：绘制背景以衬托白T恤，用笔须控制好外轮廓与浓淡干湿（图7-111、图7-112）。

图7-111　步骤14

图7-112　步骤15

步骤16：进一步丰富服装细节、鞋子、饰品，以及浅淡的背景（图7-113）。

图7-113　步骤16

图 7-114 为案例五作品完成效果图。

图7-114　完成图